梦 想 的 力 量

拼音版

成才必备的

生活奥秘小百科

SHENGHUO AOMI XIAO BAIKE

芦 军 编著

安徽美术出版社
全国百佳图书出版单位

图书在版编目（CIP）数据

成才必备的生活奥秘小百科 / 芦军编著. —合肥：
安徽美术出版社，2014.6
　（梦想的力量）
　ISBN 978-7-5398-5048-1

Ⅰ.①成…　Ⅱ.①芦…　Ⅲ.①生活－知识－少儿读物　Ⅳ.①Z228.1

中国版本图书馆CIP数据核字（2014）第106766号

出 版 人：武忠平　　责任编辑：张婷婷　特约编辑：陈　璞
助理编辑：刘　欢　　责任校对：方　芳　吴　丹
责任印制：徐海燕　　版式设计：北京鑫骏图文设计有限公司

梦想的力量

成才必备的生活奥秘小百科

Mengxiang de Liliang　　Chengcai Bibei de Shenghuo Aomi Xiao Baike

出版发行：安徽美术出版社（http://www.ahmscbs.com/）
地　　址：合肥市政务文化新区翡翠路1118号出版传媒广场14层
邮　　编：230071
经　　销：全国新华书店
营 销 部：0551-63533604（省内）0551-63533607（省外）
印　　刷：河北省廊坊市永清县晔盛亚胶印有限公司
开　　本：880mm×1230mm　1/16
印　　张：6
版　　次：2015年6月第1版　2015年6月第1次印刷
书　　号：ISBN 978-7-5398-5048-1
定　　价：24.00元

目录

hǎi shuǐ wèi shén me bù néng hē
海水为什么不能喝？ ·························· 1

wèi shén me yǔ shuǐ bù néng hē
为什么雨水不能喝？ ·························· 3

wèi shén me shuǐ jí guàn bù mǎn bēi zi
为什么水急灌不满杯子？ ·················· 5

wèi shén me chī bīng jī líng shí hé wài miàn yǒu shuǐ zhū
为什么吃冰激凌时盒外面有水珠？ ······ 7

wèi shén me bù yào yòng zuǐ yǎo qiān bǐ
为什么不要用嘴咬铅笔？ ·················· 9

wèi shén me wàn huā tǒng kě yǐ biàn chū hǎo duō de huā yàng lái
为什么万花筒可以变出好多的花样来？ ··· 11

wèi shén me jiàng luò sǎn shì tè zhì de ér bù néng yòng yǔ sǎn lái
为什么降落伞是特制的而不能用雨伞来
dài tì
代替？ ··· 13

wèi shén me fàng fēng zheng shí xiàn zǒng shì lā bù zhí
为什么放风筝时线总是拉不直？ ········· 15

wèi shén me xuě qiú huì yuè gǔn yuè dà
为什么雪球会越滚越大？ ·················· 17

wèi shén me luǎn shí dōu shì guāng liū liū de
为什么卵石都是光溜溜的？ ……………… 20

jī dàn wèi shén me zuàn bù pò
鸡蛋为什么攥不破？ ……………… 22

wèi shén me xīn jiāng de xī guā tè bié tián
为什么新疆的西瓜特别甜？ ……………… 24

yín zhēn guǒ zhēn néng yàn dú ma
银针果真能验毒吗？ ……………… 26

wèi shén me máo jīn méi yǒu jiù jiù biàn yìng le
为什么毛巾没有旧就变硬了？ ……………… 28

wèi shén me chuān shàng máo yī jiù jué de nuǎn huo
为什么穿 上毛衣就觉得暖和？ ……………… 30

wèi shén me bù néng bǎ gōng zuò fú chuān huí jiā
为什么不能把工作服穿回家？ ……………… 32

jiǔ wèi shén me bù dòng jié
酒为什么不冻结？ ……………… 34

wèi shén me yī gè rén zǒu cháng lù chī lì liǎng gè rén zǒu jiù
为什么一个人走长路吃力，两个人走就

bù chī lì le
不吃力了？ ……………… 36

shān shang de gōng lù wèi shén me shì luó xuán xíng de pán
山上的公路为什么是螺旋形的盘

shān dào
山道？ ……………… 38

wèi shén me yǒu rén hē jiǔ zhī hòu liǎn huì hóng
为什么有人喝酒之后脸会红？ ……………… 40

tài yáng guāng wèi shén me néng xiāo dú
太阳 光为什么能消毒？ ……………… 42

wèi shén me yào duō chī lù sè shū cài
为什么要多吃绿色蔬菜？ ················· 44

wèi shén me bù néng chī de tài xián
为什么不能吃得太咸？ ················· 46

wèi shén me duàn liàn yǒu yì jiàn kāng
为什么锻炼有益健康？ ················· 48

wèi shén me jiǔ zuò róng yì shēng bìng
为什么久坐容易生病？ ················· 50

wèi shén me ér tóng yào shǎo zuò dào lì yùn dòng
为什么儿童要少做倒立运动？ ··········· 52

wèi shén me yùn dòng hòu bù néng mǎ shàng xǐ zǎo
为什么运动后不能马上洗澡？ ··········· 54

wèi shén me dēng shān yào dài mò jìng
为什么登山要戴墨镜？ ················· 56

wèi shén me bù néng guāng jiǎo zǒu lù
为什么不能 光脚走路？ ················· 58

wèi shén me yào cháng zuò yǎn bǎo jiàn cāo
为什么要常做眼保健操？ ··············· 60

wèi shén me yào qín huàn yī fu qín xǐ zǎo
为什么要勤换衣服勤洗澡？ ············· 62

wèi shén me fàn qián biàn hòu yào xǐ shǒu
为什么饭前便后要洗手？ ··············· 64

wèi shén me yòng guò de dōng xi yào fàng huí yuán chù
为什么用过的东西要放回原处？ ········· 66

wèi shén me shuō yá hǎo wèi kǒu jiù hǎo
为什么说牙好胃口就好？ ··············· 68

wèi shén me kāi dēng shuì jiào bú lì yú jiàn kāng
为什么开灯睡觉不利于健康？ ··········· 70

wèi shén me xiàn xuè bú huì yǐng xiǎng shēn tǐ jiàn kāng
为什么献血不会影响 身体健康？ …………… 72

wèi shén me xià tiān róng yì chū hàn
为什么夏天容易出汗？ …………… 74

wèi shén me bù néng zhàn de tài jiǔ
为什么不能站得太久？ …………… 76

niú nǎi wèi shén me huì níng jié chéng kuài
牛奶为什么会凝结成块？ …………… 78

mò shēng rén qiāo mén zěn me bàn
陌生人敲门怎么办？ …………… 80

jiā li fā xiàn qiè zéi zěn me bàn
家里发现窃贼怎么办？ …………… 82

yóu guō qǐ huǒ zěn me bàn
油锅起火怎么办？ …………… 84

rú hé shǐ yòng wēi bō lú
如何使用微波炉？ …………… 86

zài yù shì xǐ zǎo yào zhù yì shén me
在浴室洗澡要注意什么？ …………… 88

海水为什么不能喝？

hǎi shuǐ wèi shén me bù néng hē

这个问题其实不小心喝过海水的人都明白，海水很苦，非常难喝。为什么会这样呢？海水中含有大量的氯化钠，氯化钠就是每天做菜用的食盐，所以海水的第一种味道就是咸。另外，在海水中还含有大量的氯化镁，氯化镁也是一种盐，它的味道是苦的。

那么，海水中的盐是从哪里来的？科学家们把海水和河水加以比较，研究了雨后的土壤和碎石，得知海水中的盐是

由陆地上的江河通过流水带来的。当雨水降到地面，便向低处汇集，形成小河，流入江湖，一部分水穿过各种地层渗入地下，然后又在其他地段冒出来，最后都流进大海。水在流动过程中，经过各种土壤和岩层，使其分解产生各种盐类物质，这些物质随水被带进大海。海水经过不断蒸发，盐的浓度就越来越高，而海洋的形成经过了几十万年，海水中含有这么多的盐也就不奇怪了。

wèi shén me yǔ shuǐ bù néng hē
为什么雨水不能喝？

雨水是不能喝的，我们知道空气中含有大量的粉尘和脏物，而雨过天晴之后我们会感到空气格外清新。这时空气中的那些脏东西跑到哪里去了呢？原来是随着雨水从天空中落下，空气中的灰尘、细菌都被带了下来。

在净化空气方面，毛毛雨的功效最显著，它有"空气清洁员"的美名。因为空气中有一种放射性的灰尘，如果下倾盆大雨，会把灰尘直接冲

到地上，虽然大气清新了，但是地表却被污染了。

下毛毛雨就不一样了，毛毛雨的冲刷力小，在缓慢下降的过程中，会将灰尘中的放射性物质逐渐释放掉，使灰尘呈现出一种清洁的面貌，既清新了环境，又保护了土壤。

通过上面的叙述我们知道，雨水总是与灰尘、细菌打交道，如果我们喝了雨水，细菌就会很容易进入我们的身体，引起许多疾病，所以雨水是不能喝的。

wèi shén me shuǐ jí guàn bù mǎn bēi zi

为什么水急灌不满杯子？

在日常生活中总会发现一些让我们感兴趣的事情，它们有一种无穷的魅力，促使我们去揭开它们的神秘面纱。

你一定有这样的体会，当你把水龙头开得很大的时候，水的速度很快，飞流而下的水柱落在地面上，会向四面飞溅起无数的水珠。如果这个时候你用一个杯子去接水，虽然水流很大，但是你却灌不满

bēi zi zhè shì wèi shén me ne
杯子，这是为什么呢？

zhè shì yīn wèi dāng nǐ bǎ shuǐ lóng tóu kāi de hěn dà de shí hou shuǐ jiù
这是因为当你把水龙头开得很大的时候，水就

huì dài zhe kōng qì chōng dào bēi zi li shuǐ huā sì jiàn shuǐ zhuàng dào bēi
会带着空气冲到杯子里，水花四溅，水撞到杯

bì shang yòu bèi fǎn tán huí lai xíng chéng xuán wō shǐ kōng qì jiā zài zhōng
壁上又被反弹回来，形成旋涡，使空气夹在中

jiān shuǐ jiā zhe kōng qì hěn kuài xiàng shàng shēng shuǐ jiù yòu pǎo dào bēi zi wài
间，水夹着空气很快向上升，水就又跑到杯子外

miàn qù le suǒ yǐ shuǐ liú tài jí shì guàn bù mǎn bēi zi de suī rán
面去了。所以，水流太急是灌不满杯子的，虽然

biǎo miàn kàn shang qu shì guàn mǎn le dàn bǎ shuǐ lóng tóu guān shàng hòu jiù
表面看上去是灌满了，但把水龙头关上后就

huì fā xiàn bēi zi zhōng de shuǐ bìng bù mǎn
会发现杯子中的水并不满。

rú guǒ nǐ xiǎng zài bēi zi li jiē mǎn shuǐ jiù yào bǎ shuǐ lóng tóu kāi
如果你想在杯子里接满水，就要把水龙头开

de xiǎo yī xiē qí shí zhè dōu shì shēng huó zhōng de xiǎo zhī shí nǐ zhī
得小一些。其实这都是生活中的小知识，你知

dào le ma
道了吗？

为什么吃冰激凌时盒外面有水珠？

空气中有很多看不见的水汽，当水汽遇到很冷的冰激凌盒时马上就会液化变成小水珠。所以，我们会发现冰激凌盒的周围有小水珠。

还有一个奇怪的现象是吃冰棍的时候，冰棍的表层会有"白烟"，这又是什么原因呢？其实这也

是冷热相互作用的结果。夏天天气炎热，温度高，冰棍受热就会慢慢融化，变成水蒸气。另外，冰棍周围的空气也会变冷，形成许许多多的小水珠，这些小水珠随着空气在流动，看上去就像白烟似的。

冬天天气很冷，人说话的时候也会呼出白色的烟雾，人体呼出来的气体有很多水蒸气，水蒸气遇冷就会液化成液体水了，但是比较细小，所以看起来就像白色的烟雾一样。生活中有许多有趣的现象，它们有许多相似但又不同的地方，比较一下它们各自的特点，你会学到更多丰富的知识！

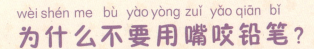

wèi shén me bù yào yòng zuǐ yǎo qiān bǐ
为什么不要用嘴咬铅笔？

dà jiā zhī dào   qiān shì yǒu dú de   suī rán qiān bǐ bù shì yòng qiān zhì
大家知道，铅是有毒的，虽然铅笔不是用铅制

chéng de   dàn shì yòng shí mò hé nián tǔ zhì chéng de qiān bǐ xīn shang dài yǒu
成 的，但是用石墨和黏土制 成 的铅笔芯上带有

hěn duō xì jūn   yīn cǐ   yòng zuǐ yǎo qiān bǐ xīn hěn bù wèi shēng
很多细菌。因此，用嘴咬铅笔芯很不卫生。

qiān duì rén tǐ de wēi
铅对人体的危

hài jiào dà   yóu qí ér tóng
害较大，尤其儿童

yìng gāi gé wài zhù yì
应该格外注意。

qiān duì ér tóng zuì zhǔ
铅对儿童最主

yào de wēi hài shì duì ér tóng
要的危害是对儿童

nǎo fā yù yǒu yǐng xiǎng   tā
脑发育有影响，它

néng yǐng xiǎng shén jīng xì
能影响神经系

tǒng de xǔ duō gōng néng
统的许多功能。

yīn wèi ér tóng de shén jīng xì
因为儿童的神经系

统正处于快速的生长和成熟时期，对铅的毒性尤其敏感，长期低剂量接触铅将影响婴幼儿的智力发育，使学习记忆力和注意力等脑功能下降，还会影响到体格的发育。国内外研究都发现，在铅污染越严重的地方，儿童智力低下的发病率越高。即使是轻度的铅中毒也可以引起患儿注意力涣散、记忆力减退、理解力降低与学习困难，或者导致儿童多动症、抽动症等症状。

虽然铅笔芯不含铅，比较安全，但是铅笔的外壳还是含有很多有害物质的。学生在学习的时候，接触铅笔的机会多，应该更加注意，千万不要用嘴咬铅笔。

为什么万花筒可以变出好多的花样来？

我们知道，只要轻轻转动万花筒，它就会变化出许多不同的花样来。为什么会这样呢？

其实万花筒的构造十分简单，里面有十几片不同颜色的小纸片，重要的是还有三块玻璃，这三块玻璃就如同三面小镜子，每块小纸片在镜子前都能有好多个像，当你晃动万花筒时，小纸片就会动，而从三块玻璃中照出的许多小纸片的像也会跟着动，纸片的位

每晃动一次，小置都不一样。所以我们看上去，万花筒可以变化出好多

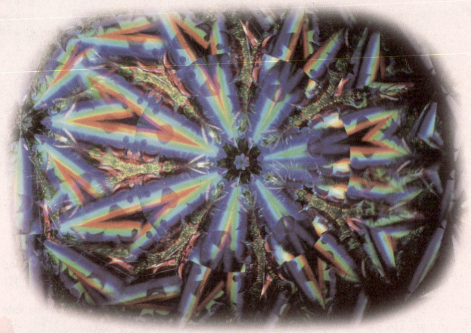

de huā yàng
的 花样。

wàn huā tǒng shì   nián dàn shēng de   zhè zhǒng wán jù gěi wǒ men
万花筒是1816年诞生的，这种玩具给我们

de shēng huó dài lái le xǔ duō sè cǎi   wàn huā tǒng shì lì yòng le guāng de
的生活带来了许多色彩。万花筒是利用了光的

zhé shè yuán lǐ   lì yòng sān miàn bō li zǔ chéng de sān jiǎo kōng xīn tǐ
折射原理，利用三面玻璃组成的三角空心体，

jiāng cǎi sè zhǐ piàn de xiàng tōng guò jìng miàn zhé shè chū lai   xíng chéng sān wéi
将彩色纸片的像通过镜面折射出来，形成三维

lì tǐ de xiào guǒ   shǐ rén kě yǐ kān dào sè cǎi bīn fēn   biàn huàn duō yàng
立体的效果，使人可以看到色彩缤纷、变幻多样

de měi lì tú àn
的美丽图案。

为什么降落伞是特制的
wèi shén me jiàng luò sǎn shì tè zhì de

而不能用雨伞来代替？
ér bù néng yòng yǔ sǎn lái dài tì

在生活中，好多小
zài shēng huó zhōng hǎo duō xiǎo

朋友都有一种好奇
péng yǒu dōu yǒu yī zhǒng hào qí

的想法，都想拿着
de xiǎng fa dōu xiǎng ná zhe

雨伞从空中降落下
yǔ sǎn cóng kōng zhōng jiàng luò xia

来。在这里告诉小朋友
lai zài zhè li gào sù xiǎo péng yǒu

们，千万不要试，否则就会
men qiān wàn bù yào shì fǒu zé jiù huì

摔得头破血流。为什么雨伞不能当降落伞呢？我
shuāi de tóu pò xuè liú wèi shén me yǔ sǎn bù néng dāng jiàng luò sǎn ne wǒ

们要知道，降落伞的原理是利用空气的阻力保证
men yào zhī dào jiàng luò sǎn de yuán lǐ shì lì yòng kōng qì de zǔ lì bǎo zhèng

伞兵的安全平稳着落。特制的降落伞比普通的雨
sǎn bīng de ān quán píng wěn zhuó luò tè zhì de jiàng luò sǎn bǐ pǔ tōng de yǔ

伞大几十倍，而且比雨伞坚固结实。当降落伞打开的
sǎn dà jǐ shí bèi ér qiě bǐ yǔ sǎn jiān gù jiē shi dāng jiàng luò sǎn dǎ kāi de

时候，强大的空气阻力稳稳地托住降落伞，人在伞
shí hou qiáng dà de kōng qì zǔ lì wěn wěn de tuō zhù jiàng luò sǎn rén zài sǎn

下就会慢慢下落。

最初的降落伞是圆形的，但是圆形降落伞几乎没有自主的水平速度，完全随风飘移，很难在人们预想的地点着陆，经过研发，20世纪70年代出现了翼形伞。翼形伞是根据飞机机翼产生升力的原理而设计的，整个伞张开后如同机翼，故名翼形伞，有"软质滑翔机"的美誉。

为什么放风筝时线总是拉不直？

春天我们放风筝的时候，任凭我们怎么拉线也拉不直，那是因为风筝在飞起来的过程中，受空气给它向上的力和我们对风筝的牵引力的作用。除了这两种力之外，风筝线本身的重量使风筝线向下垂，又受到地球吸引力的作用，所以风筝线是拉不直的。

风筝在我国已有两千多年的

历史了。早在春秋战国时，就有人用木、竹做风
筝。相传巧匠鲁班大师就是制作风筝的代表人
物，他用木头削成鸟的形状放飞在天上。不
过，这些都看不出来是用绳子牵引的。到了汉
朝，出现了用竹子制作框架，以纸糊，用绳牵
引，放飞在天空中的"纸鸢"。到了五代时，李
邺在风筝上拴了个竹笛，微风吹动，嗡嗡有
声，很像"铮铮"的声音，因而得名"风筝"。

　　放风筝还有健身和医疗的作用，这一点很
早就受到人们的关注。春天是放风筝的最好
时节，小朋友们更应该多到户外活动。

为什么雪球会越滚越大？

zài yán hán de dōng tiān　　xuě qiú hé dì shang de xuě piàn běn shēn dōu bù

在严寒的冬天，雪球和地上的雪片本身都不

cháo shī　　tā men zhī jiān méi yǒu duō dà de nián fù zuò yòng　　nà me　　xuě qiú

潮湿，它们之间没有多大的黏附作用。那么，雪球

yuè gǔn yuè dà de zhǔ yào yuán yīn dào dǐ shì shén me ne

越滚越大的主要原因到底是什么呢？

xuě qiú zài xuě dì shang yuè gǔn yuè dà shì yīn wèi xuě qiú zhòng liàng de yuán

雪球在雪地上越滚越大是因为雪球重量的原

^{yīn} ^{wèi shén me zhè yàng shuō ne} ^{wǒ men kě yǐ xiǎng xiǎng} ^{xuě qiú cóng yī}
因。为什么这样说呢？我们可以想想，雪球从一

^{diǎn diǎn kāi shǐ gǔn} ^{dì shang de xuě piàn shòu dào xuě qiú de jǐ yā} ^{jiù huì}
点点开始滚，地上的雪片受到雪球的挤压，就会

^{huà chéng shuǐ} ^{yīn wèi wēn dù bǐ jiào dī} ^{shuǐ yòu mǎ shàng jié chéng bīng}
化成水，因为温度比较低，水又马上结成冰。

^{zhè yàng xia qu} ^{dì shang de xuě piàn jiù bèi zhān zài yī qǐ} ^{xuě qiú yě jiù yuè}
这样下去，地上的雪片就被粘在一起，雪球也就越

^{gǔn yuè dà le}
滚越大了。

^{dōng tiān} ^{wǒ men xǐ huan zài hù wài dǎ xuě zhàng} ^{bù zhī nǐ yǒu méi yǒu}
冬天，我们喜欢在户外打雪仗，不知你有没有

fā xiàn　　xià xuě de shí hou qí shí bù lěng　　dàn shì huà xuě de shí hou què hěn
发现，下雪的时候其实不冷，但是化雪的时候却很

lěng　　nà shì yīn wèi huà xuě de shí hou xuě zài xī shōu rè liàng　　suǒ yǐ kōng qì
冷。那是因为化雪的时候雪在吸收热量，所以空气

zhōng de rè liàng huì jiǎn shǎo　　zì rán ér rán jiù huì bǐ xià xuě shí lěng　　nǐ míng
中的热量会减少，自然而然就会比下雪时冷。你明

bai le ma
白了吗？

为什么卵石都是光溜溜的？

wèi shén me luǎn shí dōu shì guāng liū liū de

xiǎo péng yǒu dào hǎi biān wán de shí hou　　huì fā xiàn hǎi tān shang de luǎn
小朋友到海边玩的时候，会发现海滩上的卵

shí shì guāng liū liū de　　qí shí　　bù guāng shì hǎi tān shang de luǎn shí shì
石是光溜溜的。其实，不光是海滩上的卵石是

guāng liū liū de　　hé tān shang de luǎn shí yě shì yī yàng　　wèi shén me luǎn shí
光溜溜的，河滩上的卵石也是一样。为什么卵石

shì guāng liū liū de ne　　yuán lái　　zhè xiē luǎn shí dōu lái yuán yú shān shang
是光溜溜的呢？原来，这些卵石都来源于山上，

经过风吹日晒，大石块开始崩裂，变成小块的石头，经过雨水的冲刷，这些小石头就跑到了河、海之中，在水中，小石头尖锐的棱角被长期冲刷，多年之后，小石头的棱角不见了，表面被磨得又光又圆。所以，我们在生活中看到的卵石都是光溜溜的，你明白了吗？

卵石光滑美丽，有的还带着美丽的花纹，所以非常受人们的喜爱。现在，公园的许多景点和道路都是用卵石铺成的，卵石也是公园里假山、盆景的填充材料，还有美化环境、保健身体的作用。有些室内装饰也开始采用卵石，如墙壁、家庭浴室、宾馆大堂等，不但铺装方便，还上档次，形成了一道亮丽的风景线。

鸡蛋为什么攥不破？

不知道你做过这种实验没有，把一个鸡蛋握在手里用尽力气去握，不要用指尖去抠，任你怎么握都不会把蛋壳弄破。为什么会这样呢？秘密就在鸡蛋的形状上，蛋壳表面是圆弧形的，你用力握时，力具有传递性，表面的力会沿着蛋壳的弧形分散开，而且分散得很均匀，因此蛋壳不容易被攥破。另外，鸡蛋壳是由碳酸钙构成的，有一定的竖固性。当我们把鸡蛋捏在手心时，它表面所受的压力都是相等的，这个压力不够使蛋壳破裂，所以蛋壳不破。而在锅边磕碰一下鸡蛋就会碎，那是因为它受力不均匀。

在生活中我们发现，圆形的屋顶比比皆是。

wèi shén me yào cǎi yòng yuán hú xíng jiàn zhù ne　　zhè dōu shì shòu dào jī dàn de
为什么要采用圆弧形建筑呢？这都是受到鸡蛋的

qǐ fā　　tǐ yù guǎn wū dǐng zhǐ yǒu jǐ lí mǐ hòu　　yóu yú xíngzhuàngxiàng dàn
启发。体育馆屋顶只有几厘米厚，由于形状像蛋

ké　　yīn cǐ fēi cháng jiē shi　　hái yǒu gǒng qiáo　　yě shì gēn jù hú xíng néng
壳，因此非常结实。还有拱桥，也是根据弧形能

gòu fēn sàn yā lì de yuán lǐ jiàn zào de
够分散压力的原理建造的。

nǐ dǒng le ma
你懂了吗？

为什么新疆的西瓜特别甜？

炎热的夏季中，降温解暑的水果首推西瓜。哪里的西瓜最甜呢？很多人都知道新疆的西瓜最甜，新疆不仅西瓜甜，那里的哈密瓜更是美名永传。为什么新疆的西瓜特别甜？这和新疆的地理位置有关，新疆地处我国西北内陆地区，远离海洋，属

大陆性气候。这种气候冬冷夏热，雨量少，气候非常干燥，晴天多，日照充足。而且白天和黑夜温差很大，白天温度高，可以加强农作物的光合作用，有利养分的积累；夜间温度低，农作物的呼吸作用减弱，减少了养分的消耗。在这样的条件下，最有利于糖分的形成，因此西瓜含糖量高，也就特别甜了。

宁夏、甘肃的气候也和新疆相同，所以甘肃的白兰瓜、宁夏的西瓜和新疆的西瓜、哈密瓜一样，都非常受人们的喜爱。西瓜是最好的天然饮料，而且营养丰富，对人体益处多多。

银针果真能验毒吗？

在民间，银器能验毒的说法广为流传。银针或银钗验毒的方法，流传已经有一千多年了，所以说这是一种老方法、老传说。早在宋代著名法医学家宋慈的《洗冤集录》中就有用银针验尸的记载。时至今日，还有些人存在着银器能验毒的传统观念，习惯用银筷子来检验食物中是否有毒。

银器真的能验毒吗？

古人所指的毒，主要是指剧毒的砒霜，古代的生产技术落后，致使砒霜里都伴有少量的硫和硫化物，其所含的硫与银接触，就可起化学反应，使银针的表面生成一层黑色的"硫化银"。到了现代，生产砒霜的技术比古代要进步得多，提炼很纯净，不再掺有硫和硫化物，而且银金属化学性质很稳定，在通常的条件下不会与砒霜起反应。所以，现在用银针是不能验出毒素的。这种验毒方法虽不能说完全不符合科学，但可以断言其局限性很大。

为什么毛巾没有旧就变硬了？

毛巾上的油污和尘土多了以后，在凉水中用肥皂搓洗，水里的钙镁离子和肥皂里的油脂会生成一种不能溶在水里的油脂酸钙盐和镁盐，这些东西粘在纤维之间的空隙里，时间越长，毛巾就会变得越硬。

怎样把毛巾变柔软呢？首先准备一点纯碱，然后把毛巾投入水中，加入纯碱开始煮，煮开15～20分钟后，捞出用热水冲洗干净。再用毛巾的时候，

你就会发现毛巾已经变得柔软无比了。

毛巾每天与我们的身体亲密接触，它的主要成分棉纤维很容易"藏污纳垢"，所以，我们要经常清洗毛巾，然后在太阳下晒干。毛巾使用时间长了，深入纤维缝隙内的细菌很难清除，清洗、晾晒等方式只能在短时间内控制细菌数量，并不能永久清除细菌。如果长期使用旧毛巾，会给细菌入侵造成机会。所以，最好三个月左右换一块新毛巾。

为什么穿上毛衣就觉得暖和？

织毛衣的时候，毛线与毛线之间的缝隙很小，而且躲在缝隙里的空气不容易流动，所以就形成了一道严实的"墙壁"，外面的冷空气进不来，里面的暖空气也出不去，我们就会感觉特别暖和。

冬天保暖的衣物一般要选择毛料的长衣、长裤或毛衣毛裤。含毛量较高的毛衣、毛裤能提供很好的保暖效果，即便湿了也仍能保暖。如果外出登山，所用的毛衣式样以简单保暖为主，一般选择圆领套头式或高领套头式毛衣。

许多动物身上的厚厚的毛皮，就像我们穿的毛衣一样，也有保暖的作用。但是动物在过冬的时候，与人类是不同的，大多要进行冬眠。例如，熊冬眠是因为冬天不容易找到食物，到了秋天它们就大吃特吃，使自己长胖，冬天就靠脂肪来提供养料，但冬眠时，它们还会醒过来；兔子有厚厚的毛保暖，所以冬天也不怎么怕冷。

为什么不能把工作服穿回家？

把工作服穿回家没有一点好处，不管是什么工作性质的工作服，都不能带进家里。比如说医院的工作服，它上面会携带大量的病菌和污物；还有在工厂工作的工作服，衣服上通常沾满了金属碎屑、化学药品的粉尘及其他污垢……所以

千万不要把工作服带离工作环境，那样不仅影响自己的健康，还会波及周围的人。

不同的工作所穿着的工作服也是有区别的。比如在医院工作的医护人员都以白色、浅绿、淡粉色为主，一方面因为浅色给人一种洁净的感觉，另一方面浅色比较柔和，不容易刺激病人的神经，利于病人的健康。在工厂里工作的工人，衣服的颜色一般比较深。清扫马路的环卫工人，他们的衣服都以亮颜色为主。

不管从事什么工作，下班都应该换上便装后再回家，以免把病菌带给自己的家人。

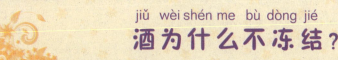

酒为什么不冻结？

要知道这个问题的答案，我们就要了解酒的成分，酒的主要成分是酒精，纯酒精的凝固点约为 -117℃。虽然各种酒的酒精含量不一样，但它们的凝固点都在 -80℃ 以下。在我们身边出现的最低气温不会低于 -80℃，所以酒在日常生活中不会冻结。

酒是人类生活中的主要饮料之一。中国制酒历史源远流长，品种繁多，名酒荟萃，享誉中外。黄酒是世

界上最古老的酒类之一，在三千多年前的商周时代，中国人独创酒曲复式发酵法，开始大量酿制黄酒。约一千年前的宋代，中国人发明了蒸馏法，从此，白酒成为中国人饮用的主要酒类。

酒渗透于中华民族数千年的文明史中，在文学艺术创作、文化娱乐、饮食烹饪、养生保健等各方面都占有重要的位置。

为什么一个人走长路吃力，
两个人走就不吃力了?

　　一个人走路的时候，手脚机械地、不假思索地摇摆着，一次又一次，重复再重复，显得单调、刻板，大脑皮层在这种机械乏味的运动中受到抑制，兴奋活动大大降低，走一会儿路就会感觉比较乏力，好像走不动了。如果走长路的时候有个

伴，两个人边走边谈，不一会儿就走到终点了。两个人一起结伴行走，大脑皮层随着两个人的交谈开始兴奋，兴奋能鼓起人们的精神，因此，两个人边谈边走就感觉不那么吃力了。

大脑皮层是大脑半球表面的一层灰质，平均厚度为2～3毫米。皮层表面有许多凹陷的"沟"和隆起的"回"。成人大脑皮层的总面积，可达2200平方厘米。大脑皮层有140亿个左右的神经元，主要是锥体细胞、星状细胞及梭形细胞。

山上的公路为什么是螺旋形的盘山道？

有些人觉得从山顶到山底修一条笔直的公路不是更好吗？让我们看看这样修好不好，如果这样修公路，势必坡度很大，从而使车辆下滑的力超过轮子对公路路面的附着力，会造成严重的交通事故，所以这种方法是行不通的。

走路、骑自行车或驾驶汽车从低处往高

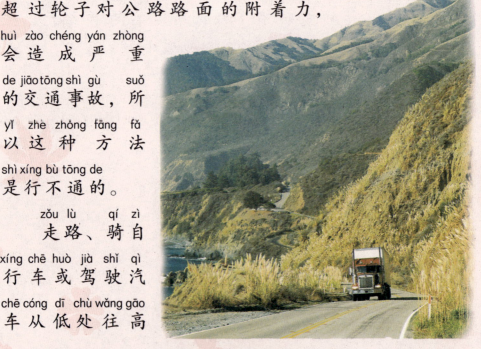

chù zǒu　　bǐ zài píng dì shang zǒu chī lì hěn duō　　ér qiě pá dǒu pō yào bǐ pá
处走，比在平地上走吃力很多，而且爬陡坡要比爬

pō dù xiǎo de xié pō fèi lì　　wèi le shàng shān shí shěng lì　　suǒ cǎi qǔ de
坡度小的斜坡费力。为了上山时省力，所采取的

fāng fǎ shì ràng pō dù dà de xié pō　　biàn de pō dù xiǎo xiē　　yīn wèi xié miàn
方法是让坡度大的斜坡，变得坡度小些。因为斜面

de cháng dù hé gāo dù zhī bǐ　　zhèng hǎo shì shěng lì de bèi shù　　zhǐ yào bǎ
的长度和高度之比，正好是省力的倍数。只要把

pō dù jiǎn xiǎo le　　nà me bù guǎn shì yòng jiǎo zǒu shàng qu　　qí zì xíng chē
坡度减小了，那么不管是用脚走上去，骑自行车

shàng qu　　hái shi kāi qì chē shàng qu　　dōu huì yǒu yī zhǒng shěng lì de
上去，还是开汽车上去，都会有一种 省 力的

gǎn jué
感觉。

ràng gōng lù zài shān pō shang xiàng luó xuán yī yàng pán shàng qu　　néng dà
让公路在山坡上 像螺旋一样盘上去，能大

dà jiàng dī gōng lù de pō dù　　zhè yàng xíng shǐ qǐ lai bǐ jiào ān quán　　qì chē
大降低公路的坡度，这样行驶起来比较安全，汽车

shàng shān yě gèng róng yì le
上山也更容易了。

为什么有人喝酒之后脸会红？
wèi shén me yǒu rén hē jiǔ zhī hòu liǎn huì hóng

有的人只要一喝酒，脸就会红，这是什么原因呢？

酒的主要成分是酒精，学名叫作乙醇，它能使脑部和皮肤血管的紧张程度降低，也就是使毛细血管扩张，血液流到皮肤中去，出现充血现象。喝酒之后这种现象更为明显，人体脸部皮肤比较薄，皮下血管也较丰富，皮肤一充血，就会面红耳赤了。

酒精一部分可以随尿、汗、呼吸排出，大部分在肝脏进行代谢。在这一代谢过程中，人体内的乙醇脱氢酶和乙醛脱氢酶起了很大作用。如果身体中这两种酶含量多，那么分解酒精的速度就快，也就是俗话说的"酒量大"。如果这两种酶的含量少，分解酒精的速度就慢。喝了酒面部

容易变红的人大多属于酶含量低的人，并不代表能喝酒，千万不要误以为自己能喝，否则会影响肝脏的功能。

太阳光为什么能消毒?

太阳光能消毒,这是一个不争的事实。但是为什么太阳光能够消毒呢?可能很多人都不太清楚,太阳光是由红、橙、黄、绿、蓝、靛、紫等可见光波以及紫外线、红外线等不可见光波组成的,而消毒作用主要依靠这两种不可见光波。红外线具有温热作用,因此也叫热线。紫外线具有化学作用,因此也叫化学线。

红外线有很强的组织穿透力,能在照射到的细菌、病毒体内或外部形成热能,把物体温度升高。我们知道,一些病毒细菌在

gāo wēn xia jiù huì sǐ qù　　zǐ wài xiàn néng shǐ wēi shēng wù xì bāo nèi bù fā

高温下就会死去。紫外线能使微生物细胞内部发

shēng huà xué biàn huà　　yǐn qǐ xì bāo pò liè sǐ wáng

生化学变化，引起细胞破裂死亡。

suǒ yǐ　　tài yáng guāng yǒu xiāo dú shā jūn de zuò yòng　yáng guāng hǎo de

所以，太阳光有消毒杀菌的作用。阳光好的

shí hou　　zài hù wài shài bèi zi　　bù jǐn kě yǐ qǐ dào shā jūn de zuò yòng　hái

时候，在户外晒被子，不仅可以起到杀菌的作用，还

néng qù chú yì wèi　yáng guāng shì wǒ men de hǎo péng yǒu　　dì qiú shang suǒ yǒu

能去除异味。阳光是我们的好朋友，地球上所有

de shēng wù dōu yào yī kào tài yáng de lì liang cái néng shēng cún xia qu

的生物都要依靠太阳的力量才能生存下去。

为什么要多吃绿色蔬菜？

据报道，目前儿童孤独症患者呈增多趋势。

国外有专家发现，儿童孤独症的发生和发展与过量食用"酸性食物"密切相关。所以，儿童应该多吃绿色蔬菜和水果。

如今，家庭生活中高脂肪、高蛋白和高糖分

的食物和营养品日渐增多，相当一部分独生子女，爱吃糖果和巧克力等含糖量高的零食。过多的糖类摄入后在体内易形成酸性物质，过量食用后便会呈现"酸性体质"，而"酸性食物"对儿童孤独症的发生、发展有推波助澜的作用。

儿童应多吃绿色蔬菜，如菠菜、油菜、空心菜和香菜等。此外还应多吃凉性食物，有利于排烦解暑，排毒通便，如苦瓜、丝瓜、黄瓜、菜瓜和甜瓜等；还有一些凉性水果，如西瓜、生梨等；还要多食用富含钾、钠、钙和镁等成分的杂粮和粗纤维食物。

shí yán shì yī zhǒng zhòng yào de tiáo wèi pǐn　　dàn ér wú wèi　de shí

食盐是一种重要的调味品，"淡而无味"的食

wù hěn nán yǐn qǐ rén men

物很难引起人们

de shí yù　　shí yán zhōng

的食欲。食盐中

yǒu yī zhǒng huà xué chéng

有一种化学成

fèn shì rén tǐ bì xū de

分是人体必需的。

tǐ nèi de zhè zhǒng huà xué

体内的这种化学

chéng fèn　　　　yǐ shàng

成分90%以上

shì cóng niào zhōng pái chū

是从尿中排出

de　shǎo liàng cóng hàn yè

的，少量从汗液

zhōng pái chū　suǒ yǐ xià

中排出，所以夏

tiān de shí hou　wǒ men

天的时候，我们

cháng huì fā xiàn shēn shang

常会发现身上

有很多白色的东西，其实那就是从体内排出的盐。

经常吃得太咸，会加重肾脏的负担，轻则导致水肿，重则会导致心肌衰弱而猝死。另外，如果从小养成"口味重"的习惯，许多孩子成年后会过早地发生肥胖症、高血压和中风。如果饮食过咸还会导致缺钙，因为盐的成分主要为氯化钠，大量的氯化钠进入血液后，使血液中钠的浓度过高，生理机能的反应是口干，大量饮水后造成大量排尿，这样钙的排出量就会增多。

专家提醒，作为身心都尚未成熟的小朋友，不能吃太咸的东西，那样对肾脏、心脏、嗓子以及身体发育都会造成一定影响。

wèi shén me duàn liàn yǒu yì jiàn kāng
为什么锻炼有益健康？

duàn liàn de hǎo chù hěn duō　　guī nà qǐ lai zhì shǎo yǒu yǐ xià sān
锻炼的好处很多，归纳起来至少有以下三

fāng miàn
方面：

yī shì qiáng shēn jiàn tǐ　　duàn liàn néng gǎi shàn shén jīng xì tǒng gōng
一是强身健体。锻炼能改善神经系统功

néng　kě yǐ xiāo chú pí láo　　shǐ tóu nǎo qīngxǐng　　sī wéi mǐn jié　　duàn liàn
能，可以消除疲劳，使头脑清醒、思维敏捷。锻炼

hái néng gǎi shàn yùn dòng xì tǒng gōng néng　　shǐ jī ròu biàn de fā dá　　gǔ
还能改善运动系统功能，使肌肉变得发达，骨

gé biàn de jiē shi guān jié gèng wéi líng huó
骼变得结实，关节更为灵活。

èr shì sù zào tǐ xíng měi jiān chí cān jiā duàn liàn kě yǐ xiāo hào duō
二是塑造体型美。坚持参加锻炼，可以消耗多

yú de rè liàng jiā kuài jī tǐ xīn chén dài xiè fáng zhǐ zhī fáng guò shèng hé féi
余的热量，加快机体新陈代谢，防止脂肪过剩和肥

pàng zhèng
胖症。

sān shì táo yě qíng cāo duàn liàn néng péi yǎng chī kǔ nài láo tuán jié hù
三是陶冶情操。锻炼能培养吃苦耐劳、团结互

zhù hé jiān rèn bù bá de liáng hǎo pǐn zhì
助和坚韧不拔的良好品质。

duàn liàn bù néng máng mù de jìn xíng yào kē xué de xuǎn zé duàn liàn
锻炼不能盲目地进行，要科学地选择锻炼

nèi róng hé què dìng duàn liàn fāng fǎ jí hé lǐ ān pái yùn dòng fù hè zuò
内容和确定锻炼方法及合理安排运动负荷。做

hǎo zhǔn bèi huó dòng ràng jī tǐ nèi gōng néng chōng fēn diào dòng qǐ lai hòu zài
好准备活动，让机体内功能充分调动起来后再

tóu rù duàn liàn rén tǐ jī néng shuǐ píng de tí gāo shì yī gè zhú bù fā zhǎn
投入锻炼。人体机能水平的提高是一个逐步发展

de guò chéng zhǐ yǒu jiān chí bù xiè de kē xué duàn liàn cái néng shōu dào liáng
的过程，只有坚持不懈地科学锻炼，才能收到良

hǎo de xiào guǒ
好的效果。

为什么久坐容易生病？

wèi shén me jiǔ zuò róng yì shēngbìng

我们在上课或写作业时也许会几个小时不动，但是你知道吗？久坐对于身体的危害是很大的。主要有以下几种危害：

1. 久坐损心。久坐不动血液循环减缓，日久就会使心脏机能衰退，引起心肌萎缩；2. 久坐伤肉。久坐不动，缺少运动会使肌肉松弛，弹性降低，出现下肢浮肿，疲倦乏力；3. 损筋伤骨。久坐颈肩腰背持续保持固定姿势，会导致颈肩腰背僵硬酸胀疼痛，俯仰转身困难；4. 久坐伤胃。久坐缺乏全身运动，会使胃肠蠕动减少，消化液分泌减弱，日久会出现食欲不振、消化不良以及脘腹饱胀等症状；5.伤神损脑。久坐不动，血液循环减缓，则会导致大脑供血不足，伤神损脑，精神萎靡，哈欠连天。若突然站起，还会出现头晕眼花等症状。

因此，每次坐最好不要连续超过一个小时，如需久坐也应每坐1小时休息10分钟。

为什么儿童要少做倒立运动？

有些人认为，倒立可以强身健体，这种说法有一定道理。但是，儿童却不能轻易做倒立运动。这是为什么呢？

儿童正处于生长发育阶段，身体内各器官和组织尚未发育成熟，生理机能较弱，故不宜进行用力过大的、憋气的、长时间静止性的运动，不然会很快疲劳，使心脏负担过重，对骨骼生长发育很有影响。儿童颈部肌肉薄弱，四肢力量不足，一旦失去平衡的保护措施，便会引起颈

bù niǔ shāng huò jǐng zhuī bàn tuō jiù
部扭伤，或颈椎半脱臼。

ér qiě ér tóng zuò dào lì yùn dòng huì zào chéng yǎn nèi yā lì shēng
而且，儿童做倒立运动会造成眼内压力升

gāo shì wǎng mó de dòng mài yā lì yě huì suí zhī zēng gāo yán zhòng de hái
高，视网膜的动脉压力也会随之增高，严重的还

kě yǐ dǎo zhì yǎn jiǎn chū xuè jīng cháng dǎo lì hái huì sǔn hài ér tóng yǎn yā de
可以导致眼睑出血。经常倒立还会损害儿童眼压的

tiáo jié néng lì
调节能力。

suǒ yǐ ér tóng bù yào qīng yì jìn xíng dào lì rú guǒ dòng zuò bù guī
所以，儿童不要轻易进行倒立，如果动作不规

fàn méi yǒu bǎo hù cuò shī hái yǒu kě néng fā shēng wēi xiǎn ér tóng zhèng
范，没有保护措施，还有可能发生危险。儿童 正

shì chéng zhǎng fā yù de guān jiàn shí qī kě yǐ jīng cháng dào hù wài zuò pǎo
是成长发育的关键时期，可以经常到户外做跑、

tiào de yùn dòng qiáng jiàn shēn tǐ zēng qiáng miǎn yì lì
跳的运动，强健身体，增强免疫力。

梦想的力量

wèi shén me yùn dòng hòu bù néng mǎ shàng xǐ zǎo
为什么运动后不能马上洗澡？

jù liè yùn dòng shí rén de xīn tiào huì jiā kuài   jī ròu   máo xì xuè
剧烈运动时人的心跳会加快，肌肉、毛细血

guǎn kuò zhāng   xuè yè liú dòng jiā kuài   tóng shí jī ròu yǒu jié lù xìng de shōu
管扩张，血液流动加快，同时肌肉有节律性地收

suō huì jǐ yā xiǎo jìng mài   cù shǐ xuè yè
缩会挤压小静脉，促使血液

hěn kuài de liú huí xīn zàng   cǐ shí rú guǒ
很快地流回心脏。此时如果

lì jí tíng xia lai xiū xi   yuán xiān liú jìn
立即停下来休息，原先流进

jī ròu de dà liàng xuè yè jiù bù néng tōng
肌肉的大量血液就不能通

guò jī ròu shōu suō liú huí xīn zàng   róng
过肌肉收缩流回心脏，容

yì yǐn fā tóu yūn yǎn huā   miàn sè cāng
易引发头晕眼花、面色苍

bái děng zhèng zhuàng   jù liè yùn dòng
白等症状。剧烈运动

hòu   yào jì xù zuò yī xiē xiǎo yùn
后，要继续做一些小运

dòng liàng de dòng zuò   děng hū xī
动量的动作，等呼吸

hé xīn tiào jī běn zhèng cháng hòu zài
和心跳基本正常后再

停下来休息。

更重要的是，运动后不能马上洗澡。运动后人体为保持体温的恒定，皮肤表面血管扩张，毛孔张大，排汗增多，以方便散热，此时如果洗冷水澡会因突然刺激，使血管立即收缩，血液循环阻力加大，同时机体抵抗力降低，人就容易生病。而如果洗热水澡则会继续增加皮肤内的血液流量，血液过多地流进肌肉和皮肤中，导致心脏和大脑供血不足，轻者头昏眼花，重者虚脱休克，还容易诱发其他慢性疾病，因此运动后不能马上洗澡。

wèi shén me dēng shān yào dài mò jìng
为什么登山要戴墨镜？

高山上空气稀薄，太阳光辐射的范围大，没有任何障碍。有的高山上还有常年积雪，白雪对太阳光的反射特别强。

太阳光里含有人眼看不到的紫外线和红外线，如果直接照射到人的眼睛里，能够灼伤视网膜，重者会造成眼睛失明。所以运动员攀登高山时，必须戴一副特制的墨镜，这种墨镜的镜片里，加入了能够吸收红外线和紫外线的氧化铁和氧化钴。

登山除了要戴墨镜外，一只背负舒适而耐用的背囊是必不可少的，它将盛载你的"野外之家"：一个睡袋，带给你温暖和舒适；一根直径不少于8毫米的尼龙绳，关键时刻能救你。山地旅行，应选用硬底皮面的高腰登山鞋，最好不要穿新鞋。棉质的袜子为最佳选择，野外活动袜子应多带几双备用。还有，别忘了带上一顶有檐的遮阳帽。

进行野外的登山活动，应该做好一切必要的准备。

为什么不能 光 脚走路？
wèi shén me bù néng guāng jiǎo zǒu lù

人的脚有26块骨头，19块肌肉，33个关节，大
rén de jiǎo yǒu kuài gǔ tou kuài jī ròu gè guān jié dà

量的韧带、血管和汗腺。脚是人体的重要组成部
liàng de rèn dài xuè guǎn hé hàn xiàn jiǎo shì rén tǐ de zhòng yào zǔ chéng bù

分，保护脚应该从儿童的时候做起。
fēn bǎo hù jiǎo yīng gāi cóng ér tóng de shí hou zuò qǐ

儿童喜欢 光
ér tóng xǐ huan guāng

着脚走路玩耍，其
zhe jiǎo zǒu lù wán shuǎ qí

实这是非常错误
shí zhè shì fēi cháng cuò wù

的做法。因为如果
de zuò fǎ yīn wèi rú guǒ

小朋友光脚走
xiǎo péng yǒu guāng jiǎo zǒu

路，地上的凉气
lù dì shang de liáng qì

就会从脚进入身
jiù huì cóng jiǎo jìn rù shēn

体，时间长了，
tǐ shí jiān cháng le

会影响儿童的身
huì yǐng xiǎng ér tóng de shēn

tǐ jiàn kāng　shèn zhì yǐ hòu huì fā shēng bìng biàn　chuān shàng xié zi kě yǐ duì
体健康，甚至以后会发生病变。穿上鞋子可以对

wǒ men de jiǎo xíng chéng bǎo hù　ràng jiǎo bù huì zháo liáng　shòu shāng　rú guǒ
我们的脚形成保护，让脚不会着凉、受伤。如果

dì shang bù gān jìng　ér tóng bù zhù yì hái róng yì bèi bō li huò xiǎo de suì
地上不干净，儿童不注意还容易被玻璃或小的碎

piàn zhā shāng　rú guǒ xiǎo péng yǒu xiǎng zuò zài dì shang wán shuǎ de huà　yào
片扎伤。如果小朋友想坐在地上玩耍的话，要

zài wán de dì fang pū shàng yī céng máo tǎn　huò zhě chuān shàng wà zi hòu
在玩的地方铺上一层毛毯，或者穿上袜子后

zài wán
再玩。

jiǎo měi tiān dōu hěn láo lèi　suǒ yǐ yào ràng jiǎo chōng fèn fàng sōng　tiān
脚每天都很劳累，所以要让脚充分放松，天

tiān jiān chí wēn shuǐ xǐ jiǎo　cù jìn jiǎo de xuè yè xún huán　yǒu shí hou　gěi
天坚持温水洗脚，促进脚的血液循环。有时候，给

jiǎo lái yī gè fàng sōng de àn mó kě yǐ xiāo chú zhěng gè shēn tǐ de pí láo
脚来一个放松的按摩可以消除整个身体的疲劳

gǎn　lìng wài　xuǎn zé hé shì de xié zi duì bǎo hù jiǎo de jiàn kāng yě yǒu hěn
感。另外，选择合适的鞋子对保护脚的健康也有很

dà de zuò yòng
大的作用。

wèi shén me yào cháng zuò yǎn bǎo jiàn cāo
为什么要常做眼保健操？

　　眼保健操是根据中国医学的推拿、穴位按摩结合医疗体育综合而成的一种有效的自我按摩疗法。读书时间过长，头部不免前倾，低头过久后，引起眼球充血，颈部肌肉紧张。阅读时双眼内聚，瞳孔缩小，晶体向前凸出，这三种反应都

是产生视疲劳的重要因素。因此，低头阅读时间过长，就会出现明显的视疲劳及头颈部不适的症状。眼保健操就是通过自我按摩眼部周围穴位和皮肤肌肉，达到刺激神经，增强眼部血液循环，松弛眼内肌肉，消除眼睛疲劳的目的。眼保健操用于学校课间，可以起到放松眼部肌肉，消除视疲劳，防治近视的作用。

做眼睛保健操的时候，要求先把两只眼睛闭起来，用轻柔的手法，推拿每一个指定的部位。平时个人做眼保健操可选择在读书写字一段时间后，或晚上复习功课后。

wèi shén me yào qín huàn yī fu qín xǐ zǎo
为什么要勤换衣服勤洗澡?

qín huàn yī fu qín xǐ zǎo jiǎng jiu wèi shēng shēn tǐ hǎo cháng qī bù
勤换衣服勤洗澡,讲究卫生身体好。长期不

huàn xǐ yī fu   yī fu shang jiù huì yǎn shēng xì jūn   zài jiā shàng bù xǐ
换洗衣服,衣服上就会衍生细菌,再加上不洗

zǎo   xì jūn zài wēn nuǎn cháo shī de huán jìng xia fán zhí hěn kuài cháng qī xià
澡,细菌在温暖潮湿的环境下繁殖很快。长期下

qù xiǎo péng yǒu huì gǎn jué pí fū sào yǎng   yǐn fā pí yán   wēi hài shēn tǐ
去,小朋友会感觉皮肤瘙痒,引发皮炎,危害身体

jiàn kāng
健康。

qín huàn yī fu qín xǐ zǎo yǒu liǎng dà hǎo
勤换衣服勤洗澡有两大好

chù   yī shì bǎo chí liáng hǎo de jīng shén fēng
处,一是保持良好的精神风

mào   èr shi kě shǐ yī xiē jí bìng yuǎn lí
貌,二是可使一些疾病远离

wǒ men
我们。

xiǎo péng yǒu
小朋友

men yīng gāi shù
们应该树

lì   ài qīng
立"爱清

jié jiǎng wèi shēng de hǎo xí guàn bù jǐn yào gǎo hǎo zì jǐ de wèi shēng
洁、讲卫生"的好习惯，不仅要搞好自己的卫生，

qín huàn yī fu qín xǐ zǎo qín jiǎn zhǐ jia cháng lǐ fà zuò yī gè gān jìng
勤换衣服勤洗澡，勤剪指甲常理发，做一个干净

de hái zi hái yào ài hù wǒ men zhōu wéi de huán jìng bù luàn rēng zhǐ
的孩子，还要爱护我们周围的环境，不乱扔纸

xiè jī jí dǎ sǎo wèi shēng ràng wǒ men shēng huó hé xué xí de huán jìng shí
屑，积极打扫卫生，让我们生活和学习的环境时

kè bǎo chí gān jìng zhěng jié
刻保持干净整洁。

āng zāng de huán jìng shì zī shēng xì jūn de zhǔ yào chǎng suǒ xì jūn yòu
脏脏的环境是滋生细菌的主要场所，细菌又

shì chǎn shēng jí bìng de yuán tóu rú guǒ shēng huó zài zāng luàn chā de
是产生疾病的源头，如果生活在脏、乱、差的

huán jìng zhōng jiù huì hěn róng yì shēng bìng ér tóng de tǐ zhì jiào ruò shì
环境中就会很容易生病。儿童的体质较弱，是

róng yì bèi bìng jūn qīn hài de duì xiàng
容易被病菌侵害的对象。

xiǎo péng yǒu nǐ zhī dào jiǎng wèi shēng de zhòng yào xìng le ma nà
小朋友，你知道讲卫生的重要性了吗？那

me gǎn kuài xíng dòng ba
么，赶快行动吧！

梦 想 的 力 量

为什么饭前便后要洗手？

从小我们就知道，饭前便后要洗手。为什么要这样做呢？手是病从口入的传递者，如果小朋友们把手洗干净了，也就大大预防了各种疾病的发生。

想一想，如果小朋友用没洗净的手拿食物吃，就可能将细菌和虫卵随食物一起吃到体内，从而造成疾病的传播。所以，饭前洗手很重要。

便后洗手同样重要。在正常情况下肠道中存在许多细菌，可以随粪便排出体外。如果小朋友还患有各种肠道疾病或者寄生虫病，则会有更多的致病菌或寄生虫卵排出体外。大小便后，手肯定被污染，所以应该及时洗手，切断病菌的传播途径。

饭前便后洗手实际上是切断了"手—口"的传播途径。爸爸妈妈不仅要培养孩子饭前便后洗手的习惯，随着孩子慢慢长大还要给他们讲清道理，使他们自觉地保持这种习惯，预防病从口入。

wèi shén me yòng guò de dōng xi yào fàng huí yuán chù
为什么用过的东西要放回原处？

zài shēng huó zhōng yǒu hěn duō rén xǐ huan luàn fàng dōng xi bǐ rú
在生活中，有很多人喜欢乱放东西。比如，

yǒu de tóng xué zài jiā li jiāng yòng guò de dōng xi dào chù luàn fàng xia cì jí
有的同学在家里将用过的东西到处乱放，下次急

zhe yòng de shí hou jiù zhǎo bù zháo yóu qí shì zài zǎo chen shàng xué de shí
着用的时候就找不着。尤其是在早晨上学的时

hou zhǎo bù dào hóng lǐng jīn xiǎo huáng mào wà zi děng wù pǐn jiù yào
候，找不到红领巾、小黄帽、袜子等物品，就要

yī jiā rén yī qǐ bāng zhe zhǎo zhè yàng bù jǐn gěi zì jǐ tiān le má fan
一家人一起帮着找。这样，不仅给自己添了麻烦，

yě gěi jiā rén tiān le má fan yě
也给家人添了麻烦。也

yǒu de tóng xué zài tú shū
有的同学在图书

guǎn kàn shū shí kàn qián
馆看书时，看前

nài xīn xún zhǎo kàn
耐心寻找，看

hòu què suí shǒu
后却随手

yī fàng bù
一放，不

guǎn yǐ hòu tā
管以后他

人寻找是否方便。这都不是好习惯。

我们有的人总是爱乱扔东西，把东西弄得满屋都是，大人总跟在后面收拾。也有的人会将自己的东西放得整整齐齐，不用家长操心。无论哪种行为都不是天生的，而是从小培养的。

不管是在家里、学校里，还是在其他公共场所，都要养成好习惯。比如在超市购物的时候，要把不打算买的商品、购物车、筐等放回指定处。随便摆放东西既不利于自己，也不利于别人。

wèi shén me shuō yá hǎo wèi kǒu jiù hǎo
为什么说牙好胃口就好？

sú huà shuō yá hǎo wèi kǒu jiù hǎo zhè huà yī diǎn er dōu bù
俗话说："牙好，胃口就好！"这话一点儿都不

cuò zài ér tóng fā yù de guòchéngzhōng tè bié yàozhù yì yá chǐ de bǎo hù
错。在儿童发育的过程 中特别要注意牙齿的保护。

yǒu xiē xiǎo péng yǒu xǐ huan chī tián shí kě rú guǒ táng chī duō le
有些小朋友喜欢吃甜食，可如果糖吃多了，

jiù huì yǐn qǐ zhù yá bǎo hù yá chǐ yīng gāi cóngshuā yá kāi shǐ xiǎopéng yǒu
就会引起蛀牙。保护牙齿应该从刷牙开始，小朋友

yào yǎng chéng ài shuā yá de hǎo xí guàn rú guǒ xiǎo péng yǒu yǐ jing huàn le
要养 成爱刷牙的好习惯。如果小朋友已经患了

zhù yá jiù yīng gāi cóng bǔ chōng gài hé fáng zhǐ gài liú shī zhuā qǐ wèi fáng
蛀牙，就应该从补充 钙和防止钙流失抓起。为防

止骨骼和牙齿的钙流失，必须先从饮食着手，少吃

鸡、鸭、鱼、肉、蛋、豆类、罐头、可乐、油、盐、

糖等酸性食物，多吃白菜、野菜、地瓜叶等碱性

食物。

　　我们应该养成爱护牙齿的好习惯，每天坚持

早晚刷牙、饭后漱口。其中，晚上刷牙更重

要，睡觉的时候，唾液分泌很少，使唾液对牙齿的

冲刷变弱，如果睡觉前不刷牙，牙菌斑会大量

增加。饭后漱口也可以及时清除口腔中食物的残

渣，有效保护牙齿。

为什么开灯睡觉不利于健康？

开灯睡觉的习惯不好，入睡时开灯将抑制人体内的一种叫褪黑激素的物质分泌，使人体的免疫功能降低。人的大脑中有个叫松果体的内分泌器官，科研人员发现，松果体的功能之一就是在夜间当人进入睡眠状态时分泌褪黑激素，这种激素在深夜11点至次日凌晨分泌最旺盛，天亮之后或有光源便停止分泌。褪黑激素的分泌可以抑制人体交感神

经的兴奋性，使
得血压下降，心
跳速率减慢，心
脏得以休息，使
机体消除疲劳，

免疫功能得到加强，甚至还有杀灭癌细胞的作用。但是，松果体有一个最大的特点是，只要眼球见到光源，褪黑激素就会被抑制，停止分泌。

为了保证我们有一个良好的睡眠质量，为第二天的工作和学习做好准备，记得每天晚上要关灯睡觉，这有利于我们身体的健康。

为什么献血不会影响身体健康？

血液是一种流体组织，在心脏推动下循环流动于心血管系统中。献血时抽出的是外周血管的血，人体会自动将原来贮存于脾脏、肝脏等内脏里的血液释放到血管中，保持恒定的血容量。一个正常人一次献血或外伤性出血300~400毫升，对人体健康不会有什么影响，因为机体血容量的减少会刺激红骨髓造血

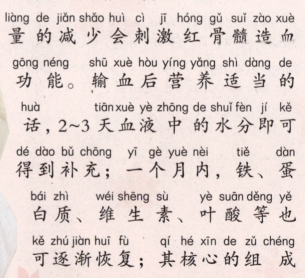

功能。输血后营养适当的话，2~3天血液中的水分即可得到补充；一个月内，铁、蛋白质、维生素、叶酸等也可逐渐恢复；其核心的组成

部分血红蛋白也可于2~3个月后恢复到献血前的数量。所以，一个健康人每次输血不超过400毫升是不会影响健康的。

在献血前后应尽可能适当休息，保证充足睡眠。献血前两餐不要吃油腻食物。献血后一两天内不要做剧烈运动，适量吃些瘦肉、水果和蔬菜等，以促使血液成分尽快恢复。

为什么夏天容易出汗？

出汗本身是一种调节体温、散热的方式，比如劳动、运动、情绪激动、紧张之后出汗都是很正常的，因此出汗是一种很正常的生理表现。

人的正常体温在36.5℃左右，平常靠皮肤向外散热。夏天气温高，为了保持正常体温，光

靠皮肤向外散发热量是不够的，这时汗腺分泌的汗水就多了，尤其是又跑又跳时汗水更多。汗水蒸发时能带走体内的一部分热量，于是我们就觉得凉快了。

人都会出汗，出汗是人体排泄和调节体温的一种生理功能。但如果出汗的方式或汗液的量、色和气味发生改变，则可作为某些疾病的一种提示，应引起重视。医学对于出汗是有分类规定的，最常见的是自汗和盗汗。所谓自汗就是无缘无故、不自主地出汗，一般都是在白天并不炎热也没有运动的环境下。盗汗医学上认为就是在夜间睡着了的时候出汗，而睡醒了后汗就止了。

为什么不能站得太久？

小朋友可能有这样的经历，在列队等候的时候，长时间站立会感到腿脚发麻，有的同学会忍不住使劲用脚往地上猛踢两下。还有的时候，为了迎接贵宾，一动都不能动，一站就是几个小时，小朋友的脚就会发胀，脚背还会肿起来。

久站时脚会发胀的原因是人体内的水分含量极高，占体重的60%左右，年龄越小，体内所含水分的比例越高。这些水分在体内流来流去，分布必须保持恒定，并且不断流动才能保证血液循环及各种新陈代谢过程的正常进行。如果由于某种原因，体内液体发生回流障碍，它就会滞留在组织间隙中，这时，人体如果进行适量的活动，通过肌肉的收缩放松，会使液体恢复到平衡状态。

人站的时间长就会出现脚发胀、发麻、肿胀的现象，通过上面的说明，你已经明白了吗？

牛奶为什么会凝结成块？

所有的食物都可能变质，当牛奶变质的时候就会凝结成块。这是为什么呢？

牛奶变质往往是因为牛奶杀菌不彻底，残留的杂菌继续活动，或者由于包装不严密，有外来杂菌侵入造成的。牛奶中的细菌生长繁殖后会产生酸，酸度增加的结果就是使牛奶中的蛋白质凝固，于是出现凝块。

出现这种现象说明牛奶已经变质，不能继续食用了。但是酸奶不是变质的牛

奶，它是人为地在牛奶中接种乳酸菌，让乳酸菌在牛奶中产生酸从而使蛋白质凝固。由于乳酸菌是一种可以食用的菌，而且是在严格的卫生条件下接种的，没有任何杂菌的污染，所以是很安全的。

经常饮用牛奶可以增加营养，增强体质，使皮肤细腻，睡觉前饮用还可以舒缓心情，帮助睡眠，对于经常失眠的人有很大帮助。酸奶在夏季也是消暑的好饮品。

陌生人敲门怎么办？

独自在家，要锁好院门、防盗门、防护栏等。如果有人敲门，千万不可盲目开门，应首先从门镜观察或隔门问清楚来人的身份，如果是陌生人，

就不要开门。如果有人以推销员、修理工 等身份要求开门，可以说明家中不需要这些服务，请其离开；如果有人以家长 同事、朋友或者远方亲戚的身份要求开门，也不能轻信，可以请其等家

zhǎng huí jiā hòu zài lái
长　回家后再来。

yù dào mò shēng rén bù kěn lí qù　jiān chí yào jìn rù shì nèi de qíng
遇到陌生人不肯离去，坚持要进入室内的情

kuàng　kě yǐ shēng chēng yào dǎ diàn huà bào jǐng　huò zhě dào yáng tái　chuāng kǒu
况，可以声称要打电话报警，或者到阳台、窗口

gāo shēng hū hǎn　xiàng lín jū　xíng rén qiú yuán　yǐ pò shǐ qí lí qù
高声呼喊，向邻居、行人求援，以迫使其离去。

bù yāo qǐng bù shú xī de rén dào jiā zhōng zuò kè　yǐ fáng gěi huài rén kě chéng
不邀请不熟悉的人到家中做客，以防给坏人可乘

zhī jī
之机。

xiǎo péng yǒu zài shēng huó zhōng nán miǎn huì yù dào yī xiē mò shēng rén
小朋友在生活中难免会遇到一些陌生人，

zài jiā zhǎng bù zài shēn biān de shí hou　yào dǒng de rú hé bǎo hù zì jǐ
在家长不在身边的时候，要懂得如何保护自己。

rú guǒ yù dào wēi xiǎn　yào xué huì suí jī yìng biàn　yòng zhì huì de lì liang bǎi
如果遇到危险，要学会随机应变，用智慧的力量摆

tuō wēi xiǎn
脱危险。

jiā li fā xiàn qiè zéi zěn me bàn
家里发现窃贼怎么办？

xiǎo péng yǒu rú guǒ nǐ yī gè rén dāi zài jiā li fā xiàn yǒu qiè
小朋友，如果你一个人待在家里，发现有窃

zéi dào jiā li tōu qiè nà me yī dìng bù yào chū shēng yào bǎ zì jǐ cáng qǐ
贼到家里偷窃，那么一定不要出声，要把自己藏起

lai zhí dào nǐ què dìng ān quán le zài chū lai rú guǒ qiè zéi yǐ jing fā xiàn
来，直到你确定安全了再出来。如果窃贼已经发现

le nǐ yīng jī zhì líng huó suí jī yìng
了你，应机智灵活，随机应

biàn bì miǎn yǔ dào qiè fèn zǐ zhèng miàn
变，避免与盗窃分子正面

chōng tū yǐ miǎn shòu dào shāng hài
冲突，以免受到伤害。

zài qí lí qù hòu xùn sù bào àn
在其离去后，迅速报案。

rú guǒ nǐ cóng wài miàn huí lai
如果你从外面回来，

fā xiàn jiā li yǒu qiè zéi zhèng zài zuò
发现家里有窃贼正在作

àn yào bǎo chí lěng jìng qiè wù dà
案，要保持冷静，切勿大

chǎo dà nào yě qiān wàn bù yào zhí jiē
吵大闹，也千万不要直接

chuǎng jìn qu zhì zhǐ ér yīng gāi xùn
闯 进去制止，而应该迅

82

速到外面寻求邻居、行人以及巡逻民警的帮助。

如果发现已经得逞离开作案现场的窃贼，要记住他们的特征和逃离方向，也可以记下他们车辆的型号、颜色、车牌号码，以便向公安部门报告，协助破案。

小孩子的力量有限，如果与窃贼正面冲突很容易受伤，所以在遇到危险的时候，要大胆地运用我们的智慧，先稳住窃贼再采取正确的方法。

油锅起火怎么办?

yóu guō qǐ huǒ zěn me bàn

家庭日常食用油品主要为植物油和动物油,都属于可燃液(固)体,在锅内被加热到450℃左右时,就会自燃,立刻窜起数尺高的火焰。如果不懂消防常识,采取错误的灭火方式,就会导致火焰蓦地一下蹿起来,烧着家具和房屋,造成不应有的损失。因此,遇到油锅起火,一定要保持沉着冷静,迅速采取正确的灭火措施。

油锅起火时通常可以

用锅盖把油锅盖上，如果是煤气灶，马上关上开关；如果是炭火，应立即把锅端离火源。锅里的油火隔绝了空气，就自然熄灭了。也可以赶紧往油锅里放些青菜，因为青菜放入油锅里会起到充分隔绝空气的作用，也能起到冷却作用，油火就会很快熄灭。油锅起火时，不要使用泡沫灭火器或用水泼，因为油燃烧时碰到水，会发生爆炸并引起更大面积的燃烧，而且还会灼伤人体。

如何使用微波炉？

微波炉是利用微波进行快速加热，对食品进行解冻、干燥和烹饪的箱式炉具。它还可对非金属物品进行快速干燥和消毒灭菌处理，具有清洁卫生、省时省力、不破坏食物营养成分等优点，是一种理想的厨房用具。

使用时要注意，将食物放入微波炉后，紧关炉门，防止泄漏辐射。为防止被冒出的高温水蒸气

烫伤，在打开炉门之前，脸部应离炉门远一点。

拿取食物时应使用夹具，不要用手直接拿取，以

防烫伤。

微波炉内的容器不可使用金属制品，而应使用

耐热玻璃、耐热陶瓷等材料的专用餐具。这些质地

的容器不会阻碍微波的穿透而影响加热效果。

掌握了正确的使用方法之后，我们就可以自

己动手做许多可口的饭菜，你不想试一试吗？

在浴室洗澡要注意什么？

suí zhe wǒ men shēng huó tiáo jiàn de bù duàn gǎi shàn jī hū jiā jiā dōu yǒu
随着我们 生活条件的不断改善，几乎家家都有

le xiàn dài huà de yù shì jì měi guān yòu qīng jié xiǎo péng yǒu yě yī dìng
了现代化的浴室，既美观，又清洁。小朋友也一定

hěn xǐ huan xǐ zǎo ba kě shì wú lùn zuò shén me shì qing dōu yào zūn shǒu yī
很喜欢洗澡吧！可是，无论做什么事情都要遵守一

dìng de zhǔn zé nǐ zhī dào zài yù shì li xǐ zǎo yào zhù yì xiē shén me ma
定的准则，你知道在浴室里洗澡要注意些什么吗？

rú guǒ bà ba mā ma bù zài jiā xiǎo péng yǒu qiān wàn bù yào yī gè rén
如果爸爸妈妈不在家，小朋友千万不要一个人

dào yù shì xǐ zǎo yǐ miǎn chū xiàn yì wài bà ba mā ma zài jiā de shí hou
到浴室洗澡，以免出现意外。爸爸妈妈在家的时候，

yào ràng bà ba mā
要让爸爸妈

ma lái bāng zì
妈来帮自

jǐ tiáo jié hǎo shuǐ
己调节好水

wēn bù yào tài
温，不要太

liáng huò tài rè
凉或太热，

fǒu zé róng yì gǎn
否则容易感

mào huò zhě bèi tàng shāng　rú guǒ jiā li yǒu yù gāng　jìn yù gāng shí yī dìng yào
冒或者被烫伤。如果家里有浴缸，进浴缸时一定要

xiǎo xin　xiǎo péng yǒu de shēn tǐ hái tài xiǎo　hěn róng yì bèi shuǐ yān zhe huò zhě
小心，小朋友的身体还太小，很容易被水淹着或者

bèi shuǐ qiàng zhe　zhè dōu shì hěn wēi xiǎn de　rú guǒ shì lín yù　zé yào xiǎo
被水呛着，这都是很危险的。如果是淋浴，则要小

xin huá dǎo　zài shǐ yòng méi qì rè shuǐ qì de shí hou hái yào zhù yì tōng fēng
心滑倒。在使用煤气热水器的时候还要注意通风，

yǐ fáng méi qì zhòng dú
以防煤气中毒。

lìng wài　hái yào zhù yì bù néng zài chī bǎo fàn hòu lì jí xǐ zǎo　chī
另外，还要注意不能在吃饱饭后立即洗澡。吃

bǎo fàn hòu　wǒ men de cháng wèi jí sì zhōu de xuè guǎn　dōu huì huì jí xǔ duō
饱饭后，我们的肠胃及四周的血管，都会汇集许多

de xuè yè　bāng máng jiǎo dòng wèi cháng zhōng de shí wù　rú guǒ fàn hòu mǎ
的血液，帮忙搅动胃肠中的食物。如果饭后马

shàng xǐ zǎo　huì shǐ wèi cháng fù jìn de xuè yè liàng jiǎn shǎo　shí wù jiù wú
上洗澡，会使胃肠附近的血液量减少，食物就无

fǎ shùn lì de xiāo huà le
法顺利地消化了。